GEHEIMNISSE DER WELT

REKORDE

COPPENRATH

INHALT

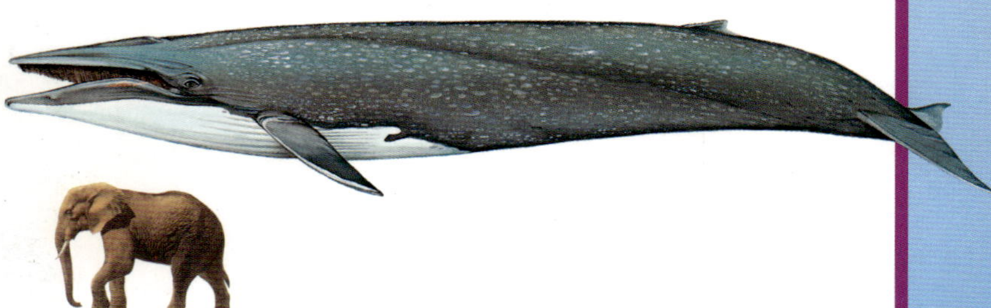

Der größte von allen

Der Afrikanische Elefant ist zwar das größte Tier, das auf dem Land lebt, aber im Vergleich zu den großen Walen im Ozean ist er größenmäßig ein Nichts. Der größte Wal nämlich, der Blauwal, kann bis zu 33 Meter lang werden und mehr als 140 Tonnen wiegen. Selbst seine Zunge ist schwerer als ein ganzer Elefant! Auf dem Trockenen würde ein Blauwal unter seinem eigenen Gewicht zusammenbrechen. Im Ozean aber wird sein riesiger Körper vom Wasser getragen.

Der Afrikanische Elefant

Das größte Landtier der Welt ist der Afrikanische Elefant. Ein neugeborener Elefant ist doppelt so schwer wie ein erwachsener Mensch! Bis zu 7 Tonnen kann ein ausgewachsener Elefant wiegen – das entspricht etwa dem Gewicht von 13 Rennpferden. Der Afrikanische Elefant verbringt bis zu 20 Stunden am Tag mit der Futtersuche. Um seinen riesigen Appetit zu stillen, braucht er rund 200 Kilo Grünfutter. Er frisst hauptsächlich Gras, Blätter, Bambus, Zweige, Rinde, Wurzeln, Früchte, Samen und Blüten, benutzt dabei seinen langen Rüssel. Der Afrikanische Elefant besitzt auch das größte Gehirn aller Landtiere.

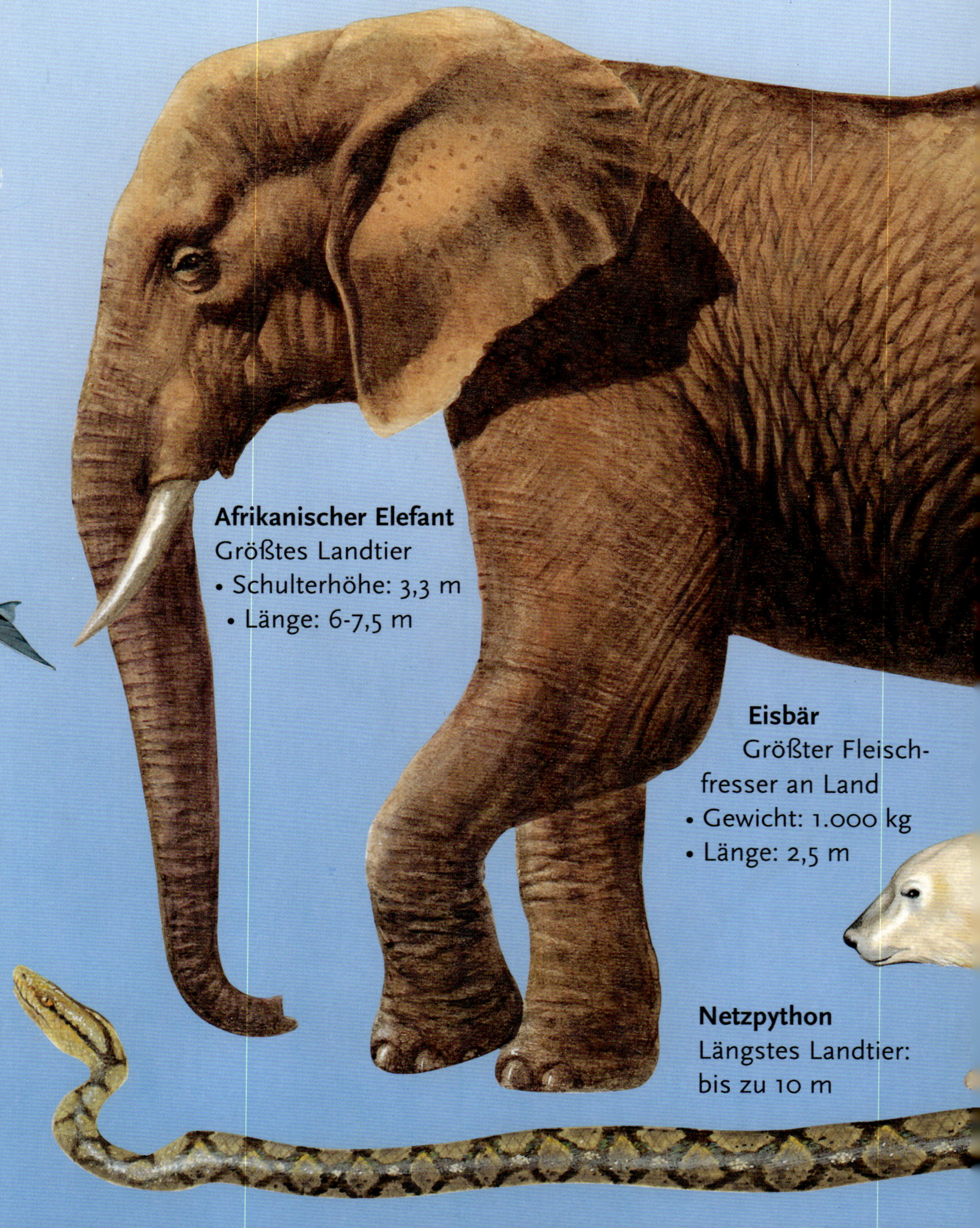

Die größten Tiere

Im Zeitalter der Dinosaurier lebten die größten, höchsten und längsten Tiere, die es jemals auf der Erde gegeben hat. Selbst besonders große Tiere aus unserer Zeit sind von den Dinosauriern an Größe weit übertroffen worden. Eine Giraffe zum Beispiel hätte kaum so hoch gereicht wie das Vorderbein des Argentinosaurus, obwohl sie heutzutage bei weitem das höchste Tier der Welt ist. Dank ihrer Größe kann die Giraffe in ihrer Heimat, dem afrikanischen Grasland, die Blätter der höchsten Bäume abfressen. Strauße, die größten und schnellsten Laufvögel, benutzen ihre langen Hälse und ihre scharfen Augen, um in den weiten Ebenen schnell Gefahr zu erkennen.

Giraffe
Größtes Tier:
5-7 m hoch

Die Abbildungen sind in etwa maßstabsgetreu.

Strauß
Größter Vogel:
2,7 m hoch

Menschen
Im Schritttempo kannst du leicht eine Riesenschildkröte überholen, die ihr höchstes Tempo läuft. Ein schneller Kraulschwimmer würde dich überholen. Aber sollte dich ein Krokodil verfolgen, wärst du wohl in der Lage, ihm laufend zu entkommen.

Topathleten (Spitzenläufer) schaffen die 100-Meter-Strecke in etwa 10 Sekunden. Sie können mit einer Postkutsche Schritt halten, die mit Höchstgeschwindigkeit fährt, würden aber von einem in Panik geratenen Elefanten überholt werden.

Libellen
Libellen zählen zu den schnellsten fliegenden Insekten. Die Tiere nutzen ihre Geschwindigkeit, um über Flüsse und Seen zu flitzen und andere Insekten zu fangen. Libellen können mitten im Flug plötzlich die Richtung ändern und sogar rückwärts fliegen. Auch die Wüstenheuschrecken gehören zu den schnellsten Fluginsekten. Sie schwärmen in Millionen über Nordafrika und fressen jeden Tag riesige Mengen an Pflanzen und Früchten.

Libelle
Schnellstes Fluginsekt: 29 km/h

Honigbiene
18 km/h

Postkutsche
34 km/h

Kurzstreckenläufer
36 km/h

Tyrannosaurus Rex
24 km/h

Marathonläufer
21 km/h

Wer ist wie schnell?

Auf dieser Abbildung werden Rekordbrecher in der Tier-, Sport- und Technikwelt verglichen. Die schnellsten Tiere können Läufer oder Schwimmer, also Menschen, leicht abhängen. Um schneller zu sein, sind wir Menschen auf Maschinen angewiesen. Moderne Maschinen können uns viel schneller vorwärts bringen. Viele Mittelklassewagen können den schnellsten Vogel überholen, während einige Düsenflugzeuge mit mehrfacher Schallgeschwindigkeit fliegen. Die höchsten Geschwindigkeiten werden im Weltraum erzielt, wo es ohne Luft keine Reibung gibt, die alle Dinge verlangsamt. Aber um dorthin zu gelangen, müssen die Raketen eine Geschwindigkeit von rund 28.400 Kilometern pro Stunde erreichen – das ist die Mindestgeschwindigkeit, um der Erdanziehung zu entkommen. Davon unbeeindruckt hält die Weinbergschnecke den Rekord für die geringste Geschwindigkeit.

Kanadaschnepfe
Langsamster Vogel:
8 km/h

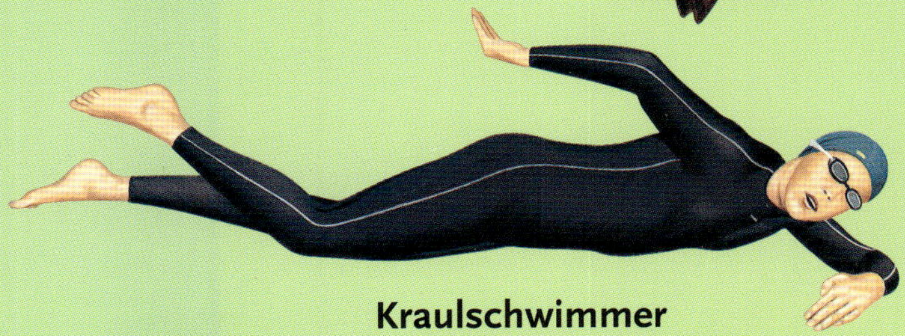

Kraulschwimmer
8 km/h

Krokodil
14 km/h

Riesenschildkröte
370 m/h

Weinbergschnecke 50 m/h

Schritttempo (Mensch) 5 km/h

Benz-Motorwagen (1885) Erstes Automobil mit Verbrennungsmotor, 13 km/h

Die Abbildungen sind nicht maßstabsgetreu.

Die größten Krabbeltiere

Normalerweise sind Insekten und Spinnen für uns ganz kleine und leichte Tiere. In einigen tropischen Gegenden der Welt aber gibt es Krabbeltiere, die gar nicht so klein sind. Damit du dir das vorstellen kannst, sind die Tiere auf dieser Seite in Originalgröße abgebildet. Insekten sind durch ihr hartes Außenskelett in ihrer Größe begrenzt. Wenn Käfer oder Schmetterlinge so groß wären wie große Vögel, könnten sie gar nicht fliegen, weil ihre Skelette, wie eine Rüstung, viel zu schwer wären.

Die Abbildungen sind in etwa maßstabsgetreu.

Tarantulawespe

Mit ihrer Flügelspannweite von 12 Zentimetern ist die Tarantulawespe so groß wie ein kleiner Vogel. Die männliche Wespe ist harmlos, die weibliche aber ein gefährlicher Jäger von Vogelspinnen. Die weibliche Tarantulawespe wartet, bis sich die Spinne aufrichtet, bevor sie sie mit einem Stich lähmt. Dann schleppt sie die Spinne in ihre Nestkammer, wo sie ein Ei auf ihr ablegt und sie anschließend lebendig begräbt.

Die Riesenweta

Die Little Barrier Island Weta oder Wetapunga, ist ein riesiges, grillenähnliches Insekt, das nur auf der Insel mit demselben Namen vor Neuseeland lebt. Die Weta ist eines der schwersten Insekten der Welt, kann sie doch bis zu 71 Gramm wiegen, ungefähr dreimal so viel wie eine Maus. Die Weta ernährt sich von Pflanzen und Pilzen.

GEWALTIGE HÜPFER

Flöhe sind die wahren Hüpfmeister des Tierreichs. Sie können mehr als 100-mal so weit springen, wie sie groß sind – beim Menschen wäre das ein Sprung von fast 200 Metern! Wenn sie in die Höhe schnellen, beschleunigen sie mit mehr Kraft als eine Weltraumrakete. Flöhe ernähren sich vom Blut größerer Tiere wie Ratten oder Hunde. Sie können aber auch monatelang ohne Nahrung auskommen.

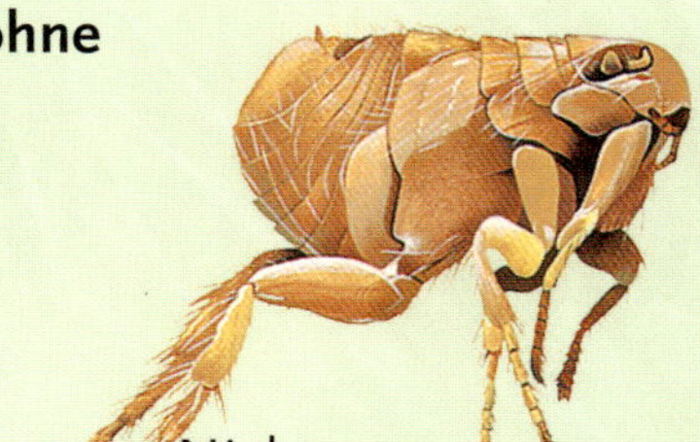

Nicht maßstabsgetreu

Goliath-Vogelspinne

Die Goliath-Vogelspinne ist die größte Spinne der Welt. Ihre Beinspannweite von 28 Zentimetern entspricht der Größe eines Esstellers! Um ihre Beute, zum Beispiel Vogeljunge, Frösche, kleine Schlangen, Käfer, Echsen und Fledermäuse, zu fangen, bäumt sie sich auf und schlägt mit ihrem giftigen Fang zu. Menschen beißt sie nur, wenn sie sich bedroht fühlt. Ihr Gift verursacht beim Menschen nur leichte Schmerzen. Wenn die Vogelspinne ihre Beine aneinander reibt, entsteht ein lautes, zischendes Geräusch.

Der Herkuleskäfer

Der Herkuleskäfer ist einer der längsten Käfer der Welt. Die Hälfte seines Körpers (etwa 18 Zentimeter) bildet ein dickes Horn. Die Männchen benutzen ihre Hörner, wenn sie mit anderen Männchen um die Weibchen kämpfen.

Nur wenige Landtiere können mit den schnellsten Vögeln Schritt halten – der Gepard kommt ihnen am nächsten. Mit kurzen Unterbrechungen kann der Gepard schneller rennen als jedes andere Tier. Mit seinen langen Beinen und seinem schlanken, muskulösen Körper ist er perfekt gebaut für hohe Geschwindigkeiten. Der Gepard muss so schnell sein, um seine Beute fangen zu können: Antilopen, Hasen, junge Strauße und Zebras.

Es ist nicht leicht, die Geschwindigkeit von Tieren im Wasser zu messen. Der Fächerfisch und der Thunfisch, beide große und kräftige Fische, gelten als die schnellsten.

Extreme Geschwindigkeiten
Etwas, das schneller als der Schall ist (1.225 Kilometer pro Stunde auf Meereshöhe oder Mach 1) wird Überschall genannt. Das erste Landfahrzeug hat 1997 die Schallmauer durchbrochen. Die meisten modernen Kampfflugzeuge fliegen viel schneller. Das einzige Verkehrsflugzeug, das regelmäßig mit Überschallgeschwindigkeit flog, war die Concorde. Der schnellste Düsenjäger flog mit der dreifachen Schallgeschwindigkeit (Mach 3). Das schnellste Flugzeug überhaupt, die X-15, musste in den Weltraum gebracht werden, wo der Raketenantrieb gezündet wurde.

ennisball (beim Aufschlag)
240 km/h

Thrust SSC (Überschallflugzeug)
Geschwindigkeitsrekordhalter zu Lande:
1.227,723 km/h

X-15
Schnellstes Flugzeug:
7.274 km/h

Wanderfalke
Schnellster Vogel: 201 km/h

Concorde
Schnellstes Passagierflugzeug:
2.333 km/h

Voyager 2 Raumsonde
Schnellstes, von Menschen hergestelltes Objekt:
56.604 km/h

Spirit of Australia
Geschwindigkeitsrekordhalter auf dem Wasser:
511,11 km/h

Lokheed SR-71
Schnellstes Düsenflugzeug:
3.911 km/h

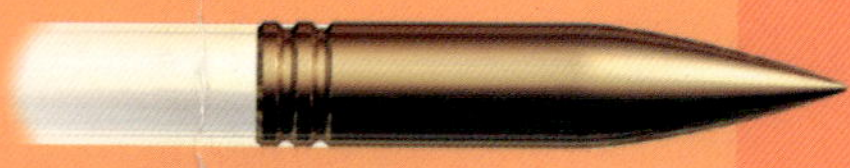

Gewehrkugel
3.294 km/h

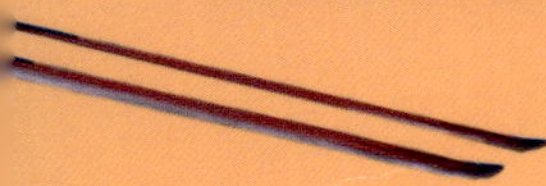

Hochgeschwindigkeitszug TGV
Schnellster Zug: 574,8 km/h

Merkur:
Schnellster Planet:
172.440 km/h

Noch schneller

Bis im 19. Jahrhundert die Eisenbahn erfunden wurde, war der Pferderücken die einzige Möglichkeit für die Menschen, schnell durchs Land zu reisen. Heutzutage können moderne Radrennfahrer und geschickte Skateboard- oder Skifahrer sogar ohne die Hilfe von Motorfahrzeugen mit den schnellsten Tieren Schritt halten.

Die schnellsten Tiere

Der Wanderfalke gilt als das schnellste Lebewesen überhaupt. Er ist am schnellsten, wenn er im Sturzflug, auch bekannt als Steilstoß, andere Vögel jagt. Im Horizontalflug allerdings ist der Stachelschwanzsegler der schnellste Vogel. Sein Körper ist besonders stromlinienförmig gebaut. So kann der Wanderfalke durch die Luft herabschießen, um Insekten mit offenem Schnabel zu fangen.

Blauflossen-Thunfisch
74 km/h

Nashorn
51 km/h

Strauß
Schnellster Laufvogel: 72 km/h

Stockente
105 km/h

Stachelschwanzsegler
Schnellster Vogel im Horizontalflug: 171 km/h

Windhund
66 km/h

Radrennfahrer
71 km/h

Gepard
Schnellstes Landtier: 105 km/h

Afrikanischer Elefant 40 km/h

Rennpferd
69 km/h

Skateboardfahrer 89 km/h

Ski-Abfahrtsläufer
140 km/h

Die größten Dinosaurier

Wie die Dinosaurier aussahen, lässt sich durch Untersuchung ihrer fossilen Knochen herausfinden, obwohl nur in wenigen Fällen komplette Skelette erhalten geblieben sind. Brachiosaurus war der schwerste und größte Dinosaurier, von dem ein komplettes Skelett erhalten ist. Anhand von nur wenigen Knochenteilen können Wissenschaftler heutzutage eine noch größere Art identifizieren, den Argentinosaurus. Das wahrscheinlich größte Landlebewesen, das es jemals gab, war ein riesiger, Pflanzen fressender Sauropode, der vor etwa 100 Millionen Jahren in Südamerika lebte.

Die Abbildungen sind in etwa maßstabsgetreu.

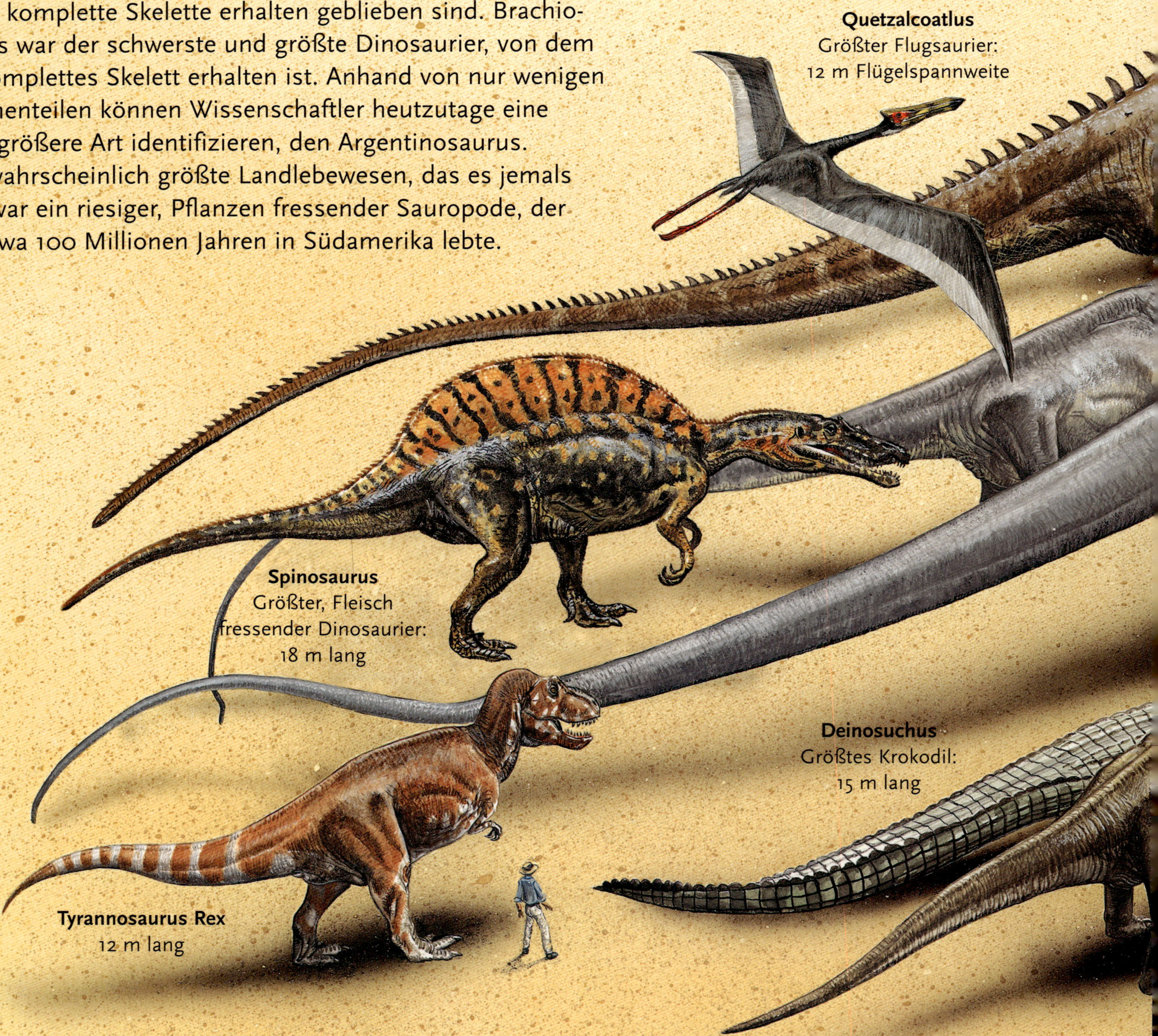

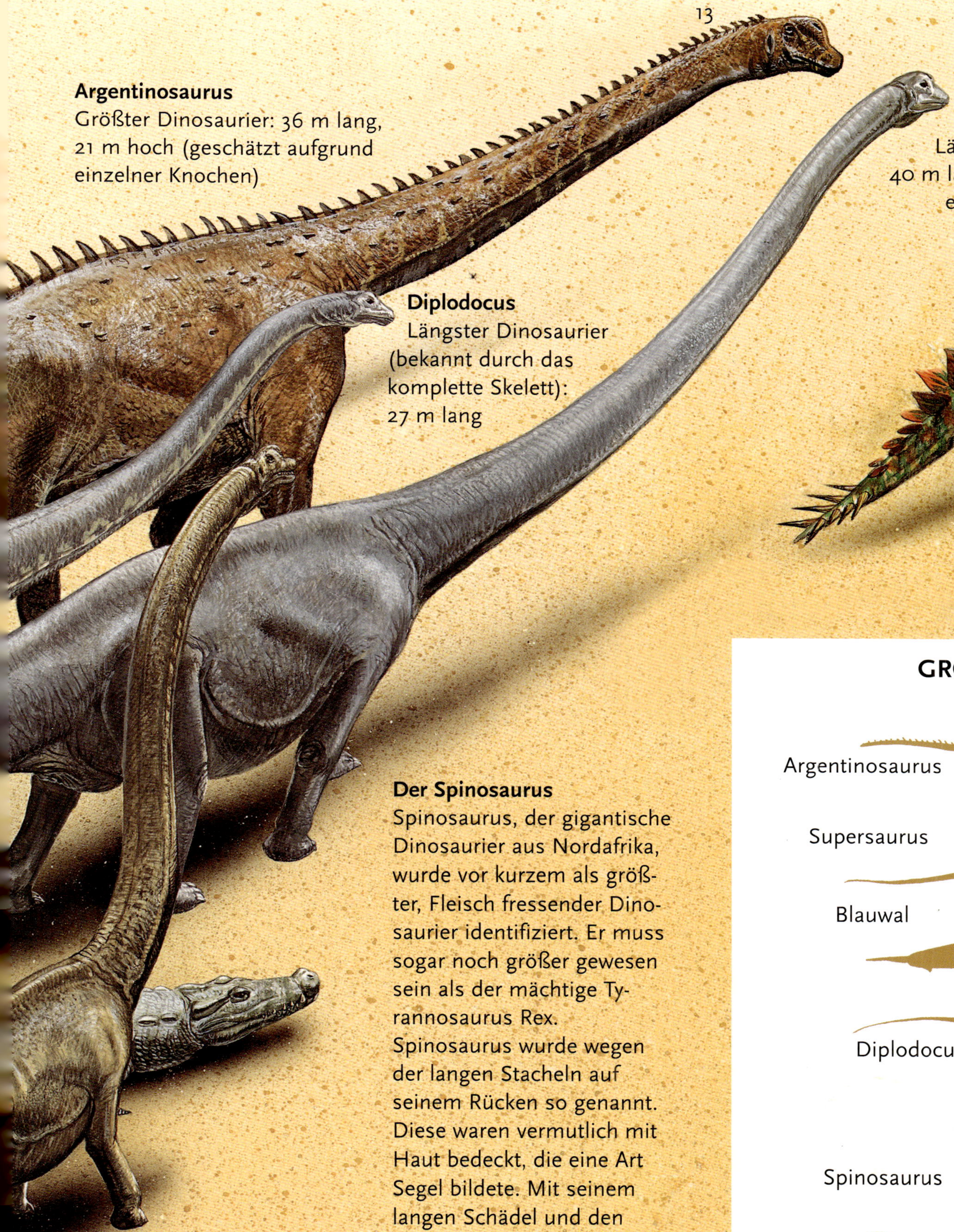

Argentinosaurus
Größter Dinosaurier: 36 m lang, 21 m hoch (geschätzt aufgrund einzelner Knochen)

Supersaurus
Längster Dinosaurier: 40 m lang (geschätzt aufgrund einzelner Knochen)

Diplodocus
Längster Dinosaurier (bekannt durch das komplette Skelett): 27 m lang

Stegosaurus
Größter gepanzerter Dinosaurier: 9 m lang

Brachiosaurus
Größter Dinosaurier (bekannt durch das komplette Skelett): 22 m lang, 14 m hoch

Der Spinosaurus
Spinosaurus, der gigantische Dinosaurier aus Nordafrika, wurde vor kurzem als größter, Fleisch fressender Dinosaurier identifiziert. Er muss sogar noch größer gewesen sein als der mächtige Tyrannosaurus Rex. Spinosaurus wurde wegen der langen Stacheln auf seinem Rücken so genannt. Diese waren vermutlich mit Haut bedeckt, die eine Art Segel bildete. Mit seinem langen Schädel und den kegelförmigen Zähnen könnte Spinosaurus ein Fischfresser gewesen sein.

GRÖSSENVERGLEICH

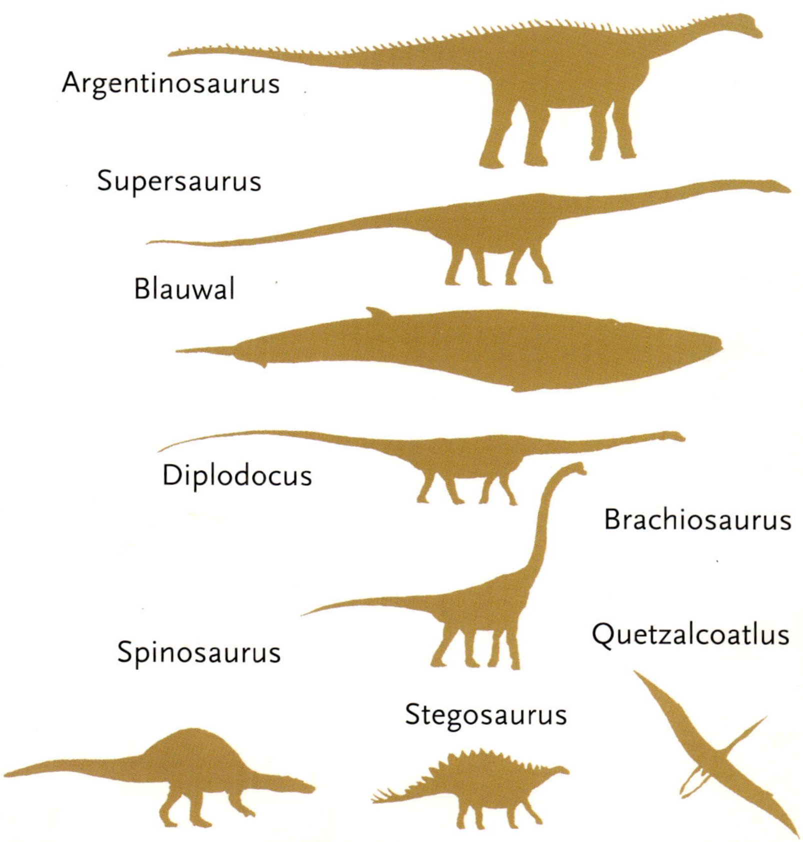

Der berühmteste Wolkenkratzer, das Empire State Building in New York, wurde in nur 19 Monaten erbaut und war 1931 das höchste Bauwerk der Welt. Heute ist es noch immer das neunthöchste Gebäude der Welt. Es hat ein Stahlskelett – verkleidet mit Kalkblöcken. Seine Spitze sollte als Ankermast für Luftschiffe dienen, wurde allerdings nur einmal genutzt.

1930 wurde das Chrysler Building das höchste Gebäude der Welt. Der spätere Anbau einer Spitze über der Edelstahlkrone schlug ein kurz zuvor ebenfalls in New York fertiggestelltes, rivalisierendes Gebäude auf den letzten Metern. Das Chrysler Building selbst wurde ein Jahr später vom Empire State Building übertroffen.

Die höchsten Bauwerke

Wolkenkratzer bestimmen die Silhouette (Skyline) vieler großer Städte, besonders in Nordamerika und in Fernost. Nach Fernsehtürmen sind sie die höchsten Bauwerke der Welt. Ein Wolkenkratzer hat ein Stahlskelett, das ihn von Innen stützt. Die ersten Wolkenkratzer wurden im späten 19. Jahrhundert errichtet.

Die Abbildungen sind in etwa maßstabsgetreu.

Das höchste, freistehende Bauwerk der Welt ist der CN Tower in Toronto. Das zweithöchste Gebäude der Welt, der Taipei 101 in Taiwan, soll einem gigantischen Bambus ähneln. Vom Boden bis zur Spitze gemessen ist allerdings der 1974 erbaute Sears Tower der Rekordhalter.

Die Wolkenkratzer Chicagos wurden so gebaut, dass sie starken Winden widerstehen. Das John Hancock Center hat x-förmig angeordnete Träger, während der Sears Tower aus neun Türmen besteht.

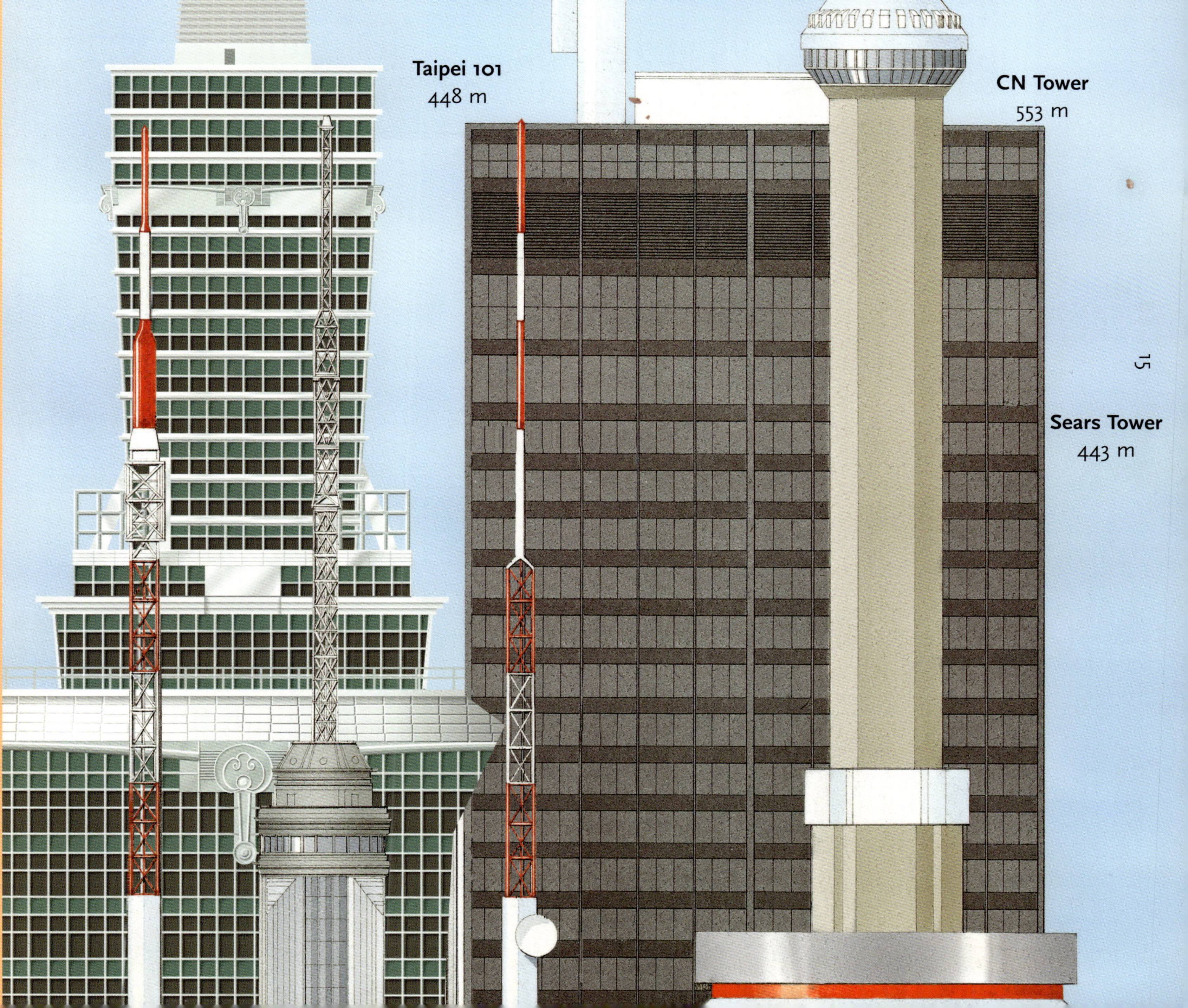

Die höchsten Berge

Der höchste Berg der Welt, der Mount Everest, lässt alles, was jemals von Menschen erbaut wurde, klein erscheinen. Er liegt auf der Grenze zwischen Nepal und Tibet im Himalaja-Karakorum-Gebirge, der größten, kontinentalen Gebirgskette. Zehn der höchsten Gipfel der Erde sowie etwa 90 der 100 höchsten Spitzen befinden sich hier.

Der Himalaja bildet einen Teil einer langen Kette von Bergen, die sich vom Mittleren Osten bis nach Europa ausdehnt. Die Alpen sind Teil dieser Kette. In den Alpen befindet sich das Matterhorn mit seiner ganz unverwechselbaren Bergspitze.

Die anderen beiden Berge, die in dieser maßstäblichen Abbildung zu sehen sind, sind beides Vulkane. Der Kilimandscharo ist der höchste Gipfel in Afrika. Obwohl er in den Tropen liegt, ist sein Gipfel das ganze Jahr über von Schnee bedeckt. Der Vesuv hat viel von seiner ursprünglichen Höhe, etwa 1.900 Meter, bei seinem gewaltigen Ausbruch im Jahr 79 n. Chr. eingebüßt. Dabei wurde die altrömische Stadt Pompeji zerstört.

DER RIESE VOM MARS

Gemessen von der Basis bis zum Gipfel ist der höchste Berg der Erde nicht der Mount Everest, sondern Mauna Kea, eine der Hawaiianischen Inseln. Sie ist 10.205 Meter hoch, wenn auch etwa 6.000 Meter davon unter dem Meeresspiegel liegen. Doch selbst Mauna Kea nimmt sich winzig aus gegenüber dem Olympus Mons, der mit 26.400 Metern der höchste Punkt auf dem Mars und der höchste Berg im ganzen Sonnensystem ist.

Gebirgsbildung

Mit der Zeit ist der Himalaja durch Bewegungen in der Erdkruste allmählich in die Höhe geschoben worden. Indien stößt mit Asien zusammen und zwingt die Gesteinsschichten dazu sich aufzuwölben. Während die Berge immer höher wachsen, werden sie von Wind, Regen, Frost und Eis angegriffen, sodass zerklüftete Gipfel entstehen. In Millionen Jahren wird vielleicht ein anderer Berg den Platz des Mount Everest als höchster Berg der Welt einnehmen ...

DER TIEFSTE PUNKT

Der Meeresgrund des Pazifischen Ozeans liegt in einer mittleren Tiefe von 4.188 Metern. Im Marianengraben fällt der Boden sogar zu einer Tiefe von 11.032 Metern ab. Das ist der tiefste Punkt der Erde. Tiefseegräben wie dieser entstehen an Stellen, wo der Meeresboden allmählich ins Erdinnere abgleitet.

Bis ins späte 19.Jahrhundert waren Kirchtürme die höchsten Bauwerke der Welt. Der Bau des immer noch höchsten Kirchturms, dem des Ulmer Münsters in Deutschland, wurde 1377 begonnen, aber erst 1890 vollendet.

Das Raumschiff Apollo 11, das die ersten Menschen zum Mond brachte, wurde von der Erde aus mit der Saturn-V-Rakete, der größten, jemals gebauten Rakete, in den Weltraum geschossen.

Die Freiheitsstatue in New York war einmal das höchste Denkmal der Welt. Sie ist ein Geschenk Frankreichs an die USA gewesen. Erbaut wurde sie im Jahr 1886.

Für ungefähr 4.000 Jahre seit ihrer Vollendung im Jahr 2580 vor Christus war die Cheops-Pyramide in Ägypten höher als alle anderen Bauwerke der Welt. Sie wurde aus mehr als 2.500.000 Steinblöcken errichtet. Ihre Basis ist bis auf wenige Zentimeter ein perfektes Quadrat.

Einer der ersten Wolkenkratzer war das Woolworth Building in New York. Es ist so konstruiert, dass es einer Kirche ähnlich sieht. Als es 1913 erbaut wurde, war es das höchste Gebäude der Welt.

Damals, als der Eiffelturm 1889 in Paris errichtet wurde, war er das höchste Bauwerk der Welt. Er wurde aus tausenden von Stahlträgern gebaut. Eigentlich nur für 20 Jahre errichtet, ist er ein bekanntes Wahrzeichen der Stadt geblieben.

Das höchste Denkmal der Welt, der Gateway Arch, erhebt sich über den Ufern des Mississippi. Dieser Bogenbau wurde 1965 errichtet, um St. Louis' historische Rolle als Tor in den Westen zu markieren. Der Stahlbogen ist hohl, und Fahrstühle fahren im Inneren in die Höhe.

Die größten Schiffe

Supertanker sind die größten Frachtschiffe der Welt, und der größte jemals gebaute Öltanker ist die *Knock Nevis*, die frühere *Jahre Viking*. Vier Fußballfelder könnte man an Deck aneinander reihen, und es wäre immer noch Platz frei. Ein Tankerkapitän muss sehr vorsichtig navigieren, da so ein Schiff erst nach sechs Kilometern zum Halten gebracht werden kann.
Das riesige Kreuzfahrtschiff *Freedom of the Seas* ist das größte Passagierschiff der Welt. Sie ist 15 Decks hoch und kann 4.370 Passagiere aufnehmen.

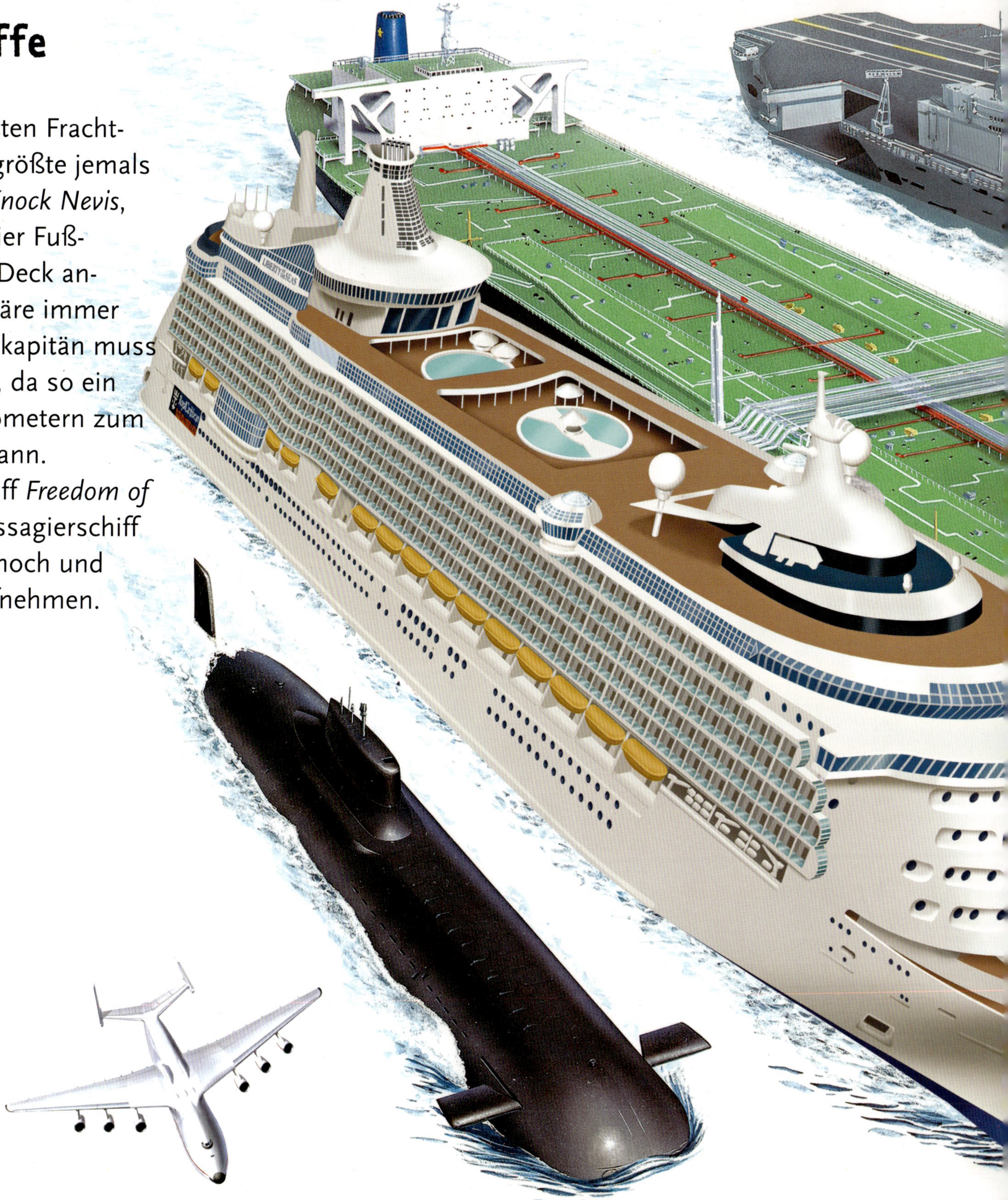

Das größte Flugzeug
Diese riesigen Schiffe lassen sie zwar klein erscheinen, trotzdem ist die Antonow AN-225 das größte Flugzeug der Welt. Sie wurde ursprünglich gebaut, um die russische Version des Space Shuttles zur Startrampe zu bringen. Jetzt wird sie als Transportflugzeug für besondere Luftfracht genutzt.

Antonow AN-225
Größtes Flugzeug:
75 m Flügelspannweite

U-Boot der Typhoon-Klasse
Größtes U-Boot:
175 m lang

Die Abbildungen sind in etwa maßstabsgetreu.

Kriegsschiffe

Die größten Kriegsschiffe sind die Flugzeugträger der Nimitz-Klasse der US-Marine. Die zehn Schiffe dieses Typs sind atomgetrieben und können viermal um die Welt fahren, ohne auftanken zu müssen. Jedes dieser Schiffe kann 90 Flugzeuge, 3.200 Crew-Mitglieder und 2.500 Mann Luftwaffenpersonal aufnehmen.

Die größten U-Boote sind die Boote der Typhoon-Klasse, die zur Marine der ehemaligen Sowjetunion gehörten. Die U-Boote sind ebenfalls atomgetrieben und können bis zu 180 Tage untergetaucht bleiben. Gebaut wurden sie in getrennten Abteilungen, die Druckhüllen genannt werden. Wird eine der Hüllen beschädigt, sind die Crewmitglieder in den anderen vor Wassereinbruch sicher.

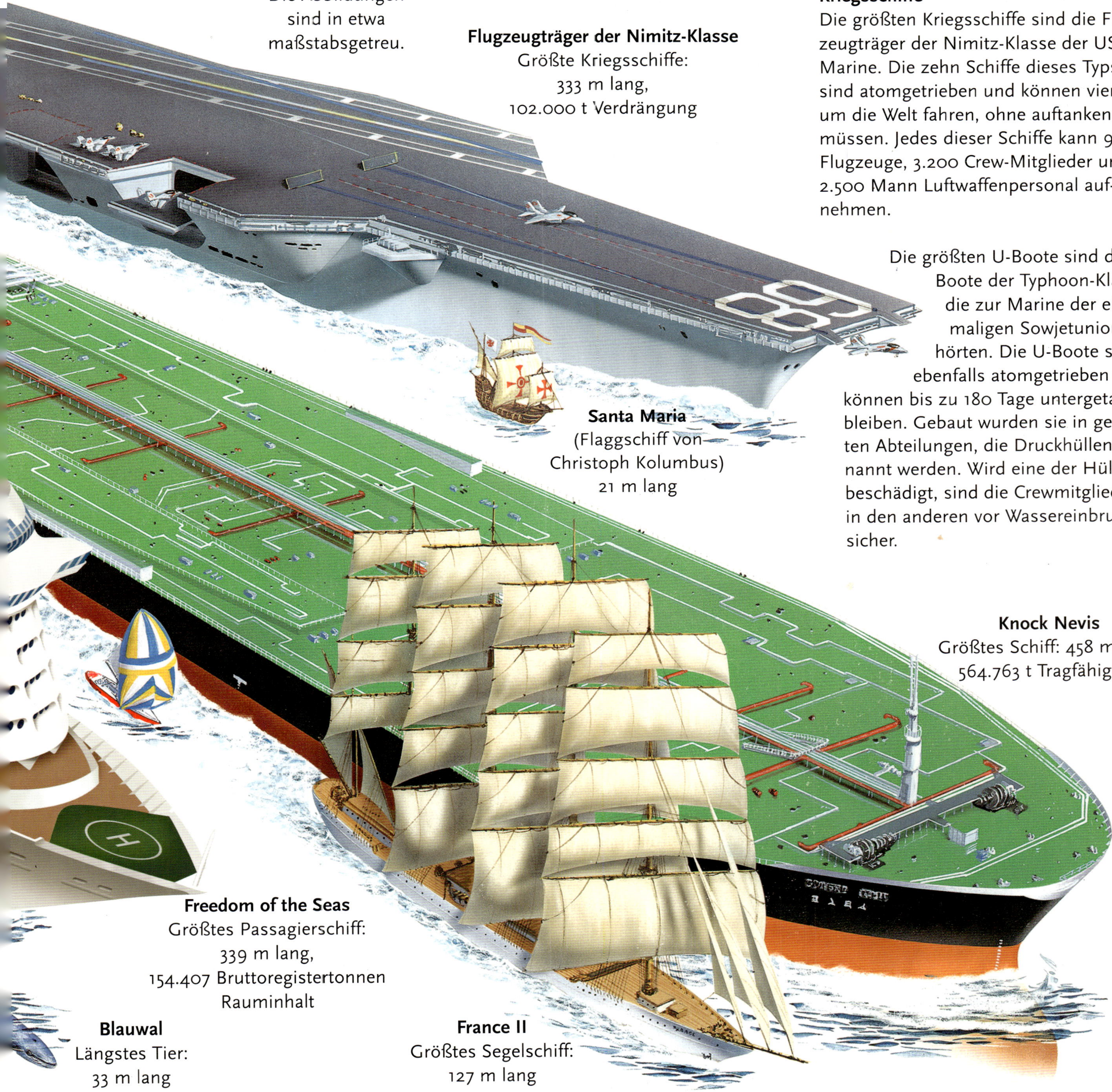

Flugzeugträger der Nimitz-Klasse
Größte Kriegsschiffe:
333 m lang,
102.000 t Verdrängung

Santa Maria
(Flaggschiff von Christoph Kolumbus)
21 m lang

Knock Nevis
Größtes Schiff: 458 m lang,
564.763 t Tragfähigkeit

Freedom of the Seas
Größtes Passagierschiff:
339 m lang,
154.407 Bruttoregistertonnen Rauminhalt

Blauwal
Längstes Tier:
33 m lang

France II
Größtes Segelschiff:
127 m lang

WELTREKORDE

BAUM, HÖCHSTER: Küstenmammutbaum, Kalifornien, USA, 115 Meter

BAUWERK, HÖCHSTES, FREISTEHENDES: CN Tower, Toronto, Kanada, 553 Meter

BERG, HÖCHSTER: Mount Everest, Nepal/Tibet, 8.848 Meter

BRÜCKE, GRÖSSTE SPANNWEITE (HÄNGEBRÜCKE): Akashi-Kaikyo-Brücke, Japan, 1.990 Meter

DENKMAL, HÖCHSTES: Gateway Arch, St.Louis, Missouri, USA, 192 Meter

EISENBAHN, HÖCHSTE: Morococha, Peru, 4.800 Meter über dem Meeresspiegel

EISENBAHN, LÄNGSTE: Transsibirische Eisenbahn, Russland, 9.438 Kilometer

ERDBEBEN, STÄRKSTES: Valdivia, Chile, 1960, 9,5 auf der Richterskala

FJORD, LÄNGSTER: Scoresbysund, Grönland, 313 Kilometer

FLUSS, LÄNGSTER: Nil, 6.690 Kilometer

FLUSSGEBIET, GRÖSSTES: Amazonas, 7.045.000 Quadratkilometer

GEBÄUDE, HÖCHSTES: Taipei 101, Taiwan, 448 Meter

GEBIRGSZUG, LÄNGSTER: Mittelozeanischer Rücken, 65.000 Kilometer

GEYSIR, HÖCHSTER (AUSBRUCH) AKTIVER: Steamboat-Geysir, Yellowstone-Nationalpark, Wyoming, USA, bis zu 90 Meter

HAUPTSTADT, HÖCHSTGELEGENE: La Paz, Bolivien, 3.630 Meter über dem Meeresspiegel

HEISSESTER ORT: El Azizia, Libyen, höchste aufgezeichnete Temperatur: 58°C

HÖHLE, TIEFSTE: Voronya-Höhle, Arabika-Massiv, Georgien, 2.140 Meter

INSEL, ENTLEGENSTE: Bouvetinsel, Südatlantik, 1.700 Kilometer entfernt vom nächsten Land

INSEL, GRÖSSTE: Grönland, 2.175.592 Quadratkilometer

KÄLTESTER ORT: Wostok, Antarktis, niedrigste aufgezeichnete Temperatur: – 89,2°C

KIRCHE, HÖCHSTE: Ulmer Münster, Deutschland, 161 Meter

KONTINENT, GRÖSSTER: Asien, 42.700.000 Quadratkilometer

LAND, BEVÖLKERUNGSREICHSTES: China, 1,3 Milliarden Menschen

LAND, GRÖSSTES: Russland, 17.075.400 Quadratkilometer

LAND, KLEINSTES: Vatikanstadt, 0,44 Quadratkilometer

MAUER, LÄNGSTE: Chinesische Mauer, 6.350 Kilometer

NASSESTER ORT: Cherrapunji, Indien, 22.987 Millimeter in einem Jahr (1861)

OZEAN, GRÖSSTER: Pazifischer Ozean, 165.000.000 Quadratkilometer

PALAST, GRÖSSTER: Verbotene Stadt, Peking, 1 Quadratkilometer

PYRAMIDE, ÄLTESTE: Sakkara, Ägypten, erbaut 2700 v. Chr.

PYRAMIDE, HÖCHSTE: Cheops-Pyramide, Gizeh, Ägypten, 137 Meter

PYRAMIDE, GRÖSSTE: Cholula, Mexiko, 18 Hektar

SCHLUCHT, LÄNGSTE: Grand Canyon, Arizona, USA, 450 Kilometer

SEE, GRÖSSTER: Kaspisches Meer, 371.000 Quadratkilometer

SEE, HÖCHSTER, SCHIFFBARER: Titicaca-See, 3.811 Meter

SEE, TIEFSTER: BAIKALSEE, Russland, 1.637 Meter

STADT, GRÖSSTE (METROPOLREGION): Tokio, Japan, 35 Millionen Menschen

STATUE, HÖCHSTE: Amida Buddha, Ushiku, Japan, 120 Meter

SUMPF, GRÖSSTER: Prypjazsümpfe, Belarus, Weißrussland, 90.000 Quadratkilometer

TIEFSTER PUNKT (IM MEER): Marianengraben, 11.032 Meter

TIEFSTER PUNKT (AN LAND): Totes Meer, Israel/Jordanien, 400 Meter unter dem Meeresspiegel

TROCKENSTER ORT: Atacama Wüste, Chile: kein Regen seit 400 Jahren

VULKANERUPTION, GRÖSSTE: Tambora, Indonesien (1815)

VULKAN, HÖCHSTER, AKTIVER: Cotopaxi, Ecuador, 5.897 Meter

WASSERFALL, HÖCHSTER: Salto Angel, Venezuela, 979 Meter

WÜSTE, GRÖSSTE: Sahara, 8.400.000 Quadratkilometer